AF802306

Betriebsstörungen am Flugmotor
und deren Beseitigung

unter Berücksichtigung
der Umlaufmotoren.

Bordbuch für Flugzeugführer

von

E. SCHUMANN
Ingenieur, z. Zt. Lehrer für Motorenkunde
bei der Marine-Landflieger-Abteilung.

Dritte, vermehrte Auflage.

BERLIN W
Verlag von M. Krayn
1917

Vorwort zur ersten Auflage.

Durch die überaus rasche Entwicklung, die die Flugtechnik seit Kriesausbruch erfahren hat, ist es nicht immer möglich gewesen, den ausgebildeten Flugzeugführern eine gründliche Kenntnis des Flugmotors durch monatelange Praxis zu geben. Da das Gebiet Flugmotoren ein zu umfangreiches ist, als daß dem einzelnen durch eine langatmige Erklärung der verschiedensten Teile des Motors gedient sein würde, und es in erster Linie einem jeden Flugzeugführer darauf ankommt, Störungen an seinem Motor schnell zu beseitigen, sind im Folgenden in möglichst übersichtlicher und kurzer Form die Ursachen einer Betriebsstörung und die Möglichkeit, dieselben zu beheben, zusammengestellt.

Die am Schluß des Buches befindliche Tabelle wird bei Motorpannen sofort Aufklärung geben, wo man die Störungen zu suchen hat, während der erste Teil den Weg zeigt, wie dieselben zu beheben sind.

März 1915.

Der Verfasser.

Vorwort zur zweiten Auflage.

Die günstige Aufnahme, welche die erste Auflage dieses Büchleins in Fachkreisen gefunden hat, gibt Veranlassung, eine zweite Auflage erscheinen zu lassen. Da sich die hierin zur Anwendung gebrachte Methode infolge ihrer Uebersicht in der Praxis sehr gut bewährt hat, sind nur kleine sachliche Aenderungen und Ergänzungen im Texte der zweiten Auflage vorgenommen worden.

Johannisthal, im Oktober 1915.

Der Verfasser.

Vorwort zur dritten Auflage.

Seit dem Erscheinen der zweiten Auflage hat der Flugmotorenbau weitere große Fortschritte gemacht, die es als geboten erscheinen ließen eine diesbezügliche Erweiterung und Ergänzung des Textes der dritten Auflage vorzunehmen.

Mai 1917.

Der Verfasser.

EINLEITUNG.

Jeder Flugzeugführer soll sein Flugzeug, und vor allen Dingen die Konstruktions-Einzelheiten, Zweck und Arbeitsweise des Motors kennen. Steht der Motor unvermutet, infolge einer Betriebsstörung still, so muß der Flieger in logischer Folge die Ursache zu erforschen suchen, und, wenn er nicht einen bestimmten Anhaltspunkt hat, beim Aufsuchen der Fehler eine bestimmte Reihenfolge innehalten. Der erfahrene Flugzeugführer wird im allgemeinen die Ursache dieser Störung bald herausfinden, doch sind auch die Fälle recht häufig, bei denen man nach langem Suchen noch immer nicht zum Ziele gelangt ist. Es sind deshalb in der am Schlusse dieses Buches angeführten Tabelle alle die Betriebsstörungen, die vom Flugzeugführer selbst behoben werden hönnen, in systematischer Reihenfolge so angeführt, daß man beim Aufsuchen von Fehlern an Hand der Tabelle schließlich unbedingt zu einem Resultat kommen muß.

Was für Störungen unterscheidet man am Flugmotor?

I. der Zündung.
II. der Vergasung.
III. der Ventile.
IV. der Kühlwasserzirkulation.
V. der Schmierung.
VI. der Übertragungsmechanismen.

I. Störungen der Zündung.

1. Wie machen sich Störungen in der Zündung bemerkbar?

Durch Aussetzen eines, mehrerer oder aller Zylinder.

2. Was kann man aus dem plötzlichen Aussetzen aller Zylinder schließen?

Eine Störung im Magnetapparat; Feder des Unterbrechers gebrochen, oder einen Massenschluß im Kurzschlußkabel.

3. Wie geht man beim Aufsuchen dieser Fehlerquellen vor?

Man entfernt den Verschlußdeckel des Unterbrechers und überzeugt sich durch langsames Durchdrehen des Motors, ob der Unterbrecher richtig funktioniert.

4. Wie weit sollen sich die Platinstifte des Unterbrechers öffnen?

0,4 Millimeter.

5. Wie findet man einen Massenschluß im Kurzschlußkabel heraus?

Man entfernt das Kurzschlußkabel von der Befestigungsschraube des Abreißerverschlußdeckels und versucht, den Motor anzuwerfen.

6. Was muß man hierbei beachten?

Man muß sich vor Anwerfen des Motors von dem einwandsfreien Funktionieren der Drosselung, sowie des Benzinabsperrhahnes überzeugen, da der Motor durch Entfernen des Kurzschlußkabels vom Unterbrecherverschlußdeckel ohne weiteres nicht zum Stehen zu bringen ist.

7. Wie bringt man in diesem Falle den Motor zum Stehen?

Der Motor wird nach Absperren des Benzinhahnes allmählich zum Stehen kommen, man kann aber auch die Kurzschlußkabel beim laufenden Motor wieder an dem Unterbrecherverschlußdeckel befestigen.

8. Können noch andere, als unter Nr. 2 erwähnte Störungen ein plötzliches Aussetzen aller Zylinder verursachen?

Ja, z. B. Verschmutzen oder Zerbrechen einer Schleifkohle des Verteilers oder Ankerschleifringes.

9. Wie hilft man sich, wenn keine Ersatzkohle vorhanden ist?

Man fertigt sich eine solche aus dem Kohlenstift einer Bogenlampe.

10. Wo wird man zunächst den Fehler beim Aussetzen der Zündung in einem oder mehreren Zylindern suchen?

Man wird die Zündkerzen untersuchen, nachdem man sich vorher überzeugt hat, daß alle Zündkabel gut befestigt waren.

11. Was kann alles ein Versagen der Zündkerzen hervorrufen?

Die Zündkerzen können verschmutzt sein, die Elektroden verschweißt, verbogen oder abgebrochen sein, die Isolation kann entzwei sein.

12. Wie beseitigt man diese Mängel?

Man reinigt die Zündkerzen nachdem diese abgekühlt sind durch Waschen in Petroleum und Benzin, und richtet die Elektroden so aus, daß der Abstand derselben nur etwa 0,5 mm beträgt.

13. Kann man immer sofort sehen, ob die Isolation entzwei ist?

Nein, diese Störung macht sich häufig erst bei vollaufendem Motor bemerkbar.

14. Was tut man in diesem Falle?

Das Einfachste ist, die Zündkerze durch eine neue zu ersetzen.

15. Wie stellt man überhaupt fest, welcher Zylinder aussetzt?

Durch Öffnen der Kompressionshähne (bei laufendem Motor); es wird dann zu den Hähnen der nichtzündenden Zylinder ein unverbranntes, kaltes Gasgemisch herauskommen. Letzteres merkt man, wenn man bei einem Abstand von etwa 20 bis 30 cm die Hand über die geöffneten Kompressionshähne hält.

16. Was für Störungen können sonst noch in der Zündung auftreten, die ein Aussetzen eines oder mehrerer Zylinder verursachen?

Der Verteiler oder Unterbrecher des Magnetapparates kann verschmutzt sein, die Schleifkohlen nicht gut anliegen, Kabel gebrochen oder gerissen sein.

17. Wie beseitigt man diese Störungen?

Man reinigt Verteiler und Unterbrecher mit Benzin, reinigt die Schleifkohlen und spannt die Feder derselben durch vorsichtiges Auseinanderziehen. Ob ein Kabel gerissen oder gebrochen ist, stellt man am einfachsten durch ein probeweises Auswechseln eines neuen Kabels fest.

18. Was kann sonst noch ein unregelmäßiges Zünden hervorrufen?

Ein mangelhaftes Funktionieren des Unterbrechers.

19. Wie stellt man dieses fest?

Nach Abnehmen des Verschlußdeckels sieht man nach, ob die Befestigungsschrauben, die Unterbrechernocken, sowie die beiden Platinstifte gut festsitzen. Man hat auch darauf zu achten, daß der Unterbrecherhebel leicht beweglich ist.

20. Wie kann es kommen, daß der Unterbrecherhebel klemmt?

Die Achse dieses Hebels ist, da sie nicht geschmiert werden kann, in einer Fibrebüchse gelagert; die Ausdehnung dieser kann durch Temperatur und Feuchtigkeitsveränderungen beeinträchtigt werden.

21. **Was ist zu tun, wenn dieselbe klemmt?**
Man reibt die Fibrebüchse mit einer Reibale vorsichtig etwas auf, so daß der Hebel in derselben leicht beweglich ist.

22. **Was tut man, wenn der Motor nach Vornahme aller dieser Arbeiten noch nicht laufen will, vorausgesetzt, daß der Vergaser in Ordnung ist?**
Man sieht nach, ob die Einstellung richtig ist.

23. **Wie macht man dieses?**
Durch Einführen eines Drahtes in die geöffneten Kompressionshähne stellt man fest, ob der Motor gerade in dem Augenblick auf Spätzündung zündet, in dem der Kolben während des Kompressionstaktes den höchsten Punkt schon erreicht, resp. überschritten hat.

24. **Empfiehlt es sich, noch weitere Arbeiten am Magnet vorzunehmen, wenn man sich auch von der richtigen Einstellung überzeugt hat?**
Nein, man sendet ihn dann am besten in die Fabrik.

25. **Wie stellt man fest, ob der Anlasser-Magnet in Ordnung ist?**
Nach Abnehmen des Kabels zwischen Anlasser-Magnet und Magnet MI. an der Anschlußklemme des Verteilers dreht man am Anlasser-

Magnet und hält das freie Kabelende im Abstand von einigen Millimetern an eine benzinfreie Stelle des Motors oder der Masse. Springt jetzt hier kein Funke über, so ist das Kabel versuchsweise durch ein neues zu ersetzen. Sollte auch dann kein Funke überspringen, so ist der Anlasser-Magnet in Reparatur zu geben.

26. In welcher Reihenfolge soll ein 4, 6 und 8 Cylinder-Flugmotor zünden?

Ein 4 Cylinder-Motor 1, 2, 4, 3.
Ein 6 Cylinder-Motor 1, 5, 3, 6, 2, 4.
Ein 8 Cylinder-Motor, rechtslaufend 1, 3, 2, 4, 8, 6, 7, 5; linkslaufend 1, 3, 4, 2, 6, 8, 7, 5.

II. Störungen der Vergasung.

1. Wie machen sich Störungen in der Vergasung bemerkbar?

Durch nicht-periodisches Aussetzen eines oder mehrerer Zylinder, durch allmähliches Stillstehen des Motors.

2. Was kann man aus dem Knallen im Auspufftopf schließen?

Man kann daraus schließen, daß der Motor zu wenig Gasgemisch bekommt, was auf eine Störung im Vergaser zurückzuführen ist.

3. Wie kann man sich dieses Knallen erklären?

Der Motor bekommt ein zu benzinarmes Gemisch, da die Düse verschmutzt oder verstopft oder die Benzinzuführung ungenügend ist. Dieses zu benzinarme Gemisch wird im Zylinder nicht immer zur Zündung gebracht und gelangt so unverbrannt in den Auspufftopf, wo es durch die anderen verbrannten Gase zur Explosion gebracht wird.

4. Kann dieses Knallen, wenn es insbesondere bei nur einem Zylinder stattfindet, noch auf etwas anderes als auf schlechte Vergasung zurückzuführen sein?

Ja, es kann die Saugleitung an den abgedichteten Flanschen undicht oder porös sein, dadurch wird zu viel Luft (Sauerstoff) von den einzelnen Zylindern angesaugt.

5. Wie findet man dieses letztere heraus?

Man bestreicht die Saugleitung mit Seifenwasser, es werden sich dann beim Drehen am Propeller an etwa porösen Stellen Seifenblasen bilden. Als Notbehelf kann man diese porösen Stellen mit Isolierband umwickeln. Undichte Dichtungen sind durch neue zu ersetzen.

6. Wie stellt man fest, ob die Störung am Vergaser oder Magnet-Apparat liegt?

Man spritzt durch die Kompressionshähne etwas Benzin in die Zylinder ein. Wirft man nun den Motor an und macht derselbe nur einige Umdrehungen (bis das nur eingespritzte Benzin verbraucht ist), dann wird eine Störung im Vergaser zu suchen sein, während, wenn der Motor überhaupt nicht anspringt, die Ursache zunächst in einem Nichtfunktionieren der Zündung zu suchen ist.

7. Was für Störungen können nun alle im Vergaser auftreten?

Es kann die Düse verstopft oder verschmutzt, schließlich auch Wasser im Vergaser sein, der Schwimmer kann nicht einwandfrei arbeiten, die Benzinzuführung kann versagen.

8. Wie wird man nun vorgehen, um die einzelnen Fehlerquellen aufzufinden?

Durch Hochheben der Schwimmernadel überzeugt man sich, ob Benzin in das Schwimmergehäuse einläuft.

9. **Was tut man, wenn dieses nicht der Fall ist?**

Man überzeugt sich durch Oeffnen des Ablaßhahnes am Benzinfilter, ob hier Benzin herausläuft.

10. **Was schließt man daraus, wenn hier Benzin herausläuft?**

Man kann daraus schließen, daß der Benzinfilter verschmutzt ist.

11. **Wie kann man diesen reinigen?**

Man öffnet den Benzinfilter, nimmt die Siebe heraus und reinigt dieselben vorsichtig vermittels einer Drahtbürste.

12. **Was tut man, wenn sich herausstellt, daß die Siebe sauber waren?**

Man reinigt die vom Filter zum Vergaser führende Benzinzuleitung durch Durchpusten von Luft, vermittels einer Luftpumpe. Zugleich empfiehlt es sich natürlich, die vom Filter zum Benzintank führende Benzinleitung zu reinigen.

13. **Was hat man nun zu tun, um den Vergaser zu reinigen?**

Nachdem man den Hauptbenzinhahn abgesperrt hat, öffnet man das Schwimmergehäuse, wischt dasselbe mit einem sehr sauberen Lappen gut aus, schraubt die Düse heraus und reinigt ebenfalls letztere durch Durchpusten vermittels einer Luftpumpe.

14. Worauf hat man beim Zusammenbauen des Vergasers zu achten?

Man muß darauf achten, daß Schwimmernadel und Schwimmergewichte spielend arbeiten können, da sonst der Vergaser überläuft oder gar kein Benzin bekommt.

15. Was kann ein Überlaufen des Vergasers noch zur Ursache haben?

Der Schwimmer kann undicht sein.

16. Was hat man zu tun, wenn man einen undichten Schwimmer hat und kein Ersatz zu bekommen ist?

Man entfernt das im Schwimmer befindliche Benzin durch Erwärmen desselben in kochendem Wasser und lötet die undichte Stelle zu. Das überflüssige Lot ist von den undichten Stellen vorsichtig abzufeilen.

17. Welche Störungen können sonst noch ein Überlaufen des Vergasers zur Folge haben?

Ein undicht gewordenes Nadelventil oder Schmutz im Sitz des Nadelventils.

18. Wie sind diese Störungen zu beheben?

Ein undicht gewordenes Nadelventil muß eingeschliffen werden. Schmutz entfernt man, indem man einen Lappen über ein angespitztes Stück Holz legt und damit den Ventilsitz reinigt.

19. Wie hat man sich bei einem Vergaserbrand zu verhalten?

Man hat zunächst den Druck vom Benzintank abzulassen, sowie den Hauptbenzinhahn abzusperren, während der Motor bei geöffneter Drossel laufen zu lassen ist. Dann ist der Brand durch Abdecken mit Lappen oder in Ermangelung solcher mit Erde oder Rasenstücken zu ersticken.

20. Was hat man zu tun, um den Vergaser vor dem Einfrieren zu bewahren?

Man hat die Ansaugluft vorzuwärmen wennmöglich auch das Drosselgehäuse. Alle Saugrohre sind nach Möglichkeit mit Asbestschnur zu umwickeln.

21. Wie taut man einen eingefrorenen Vergaser auf?

Man erwärmt ein Stück Eisen (nicht rotglühend), und legt dasselbe auf die Metallteile des Drosselgehäuses. Hat man kein Feuer zur Hand, das Eisen zu erwärmen, so erwärmt man Putzwolle über Benzinfeuer und taut damit allmählich den Vergaser auf.

22. Was hat man zu kalten Jahreszeiten beim Inbetriebsetzen des Motors zu beachten?

Es ist in die Kühlwassermäntel der Cylinder warmes Wasser einzufüllen, um zu verhindern, daß das angesaugte Benzin-Luftgemisch sich bei zu kaltem Motor an den Saugrohren und Cylinderwänden niederschlägt. Um eine gute

Gemischbildung zu ermöglichen, müssen sich Vergaser und Cylinder handwarm anfühlen.

23. Wie viel Druck muß sich auf dem Brennstoffbehälter befinden, damit der Vergaser genügend Benzin erhält?

Der Druck soll 0,25—0,3 Atm. betragen.

24. Wie kann man prüfen, ob alle Leitungen dicht sind, beziehungsweise ob der Druck auf dem Behälter steht?

Nachdem man mit der Handluftpumpe Druck auf den Behälter gepumpt hat, beobachtet man das Druckmanometer und stellt fest, oder der Druck die gegebene Höhe längere Zeit (einige Stunden) beibehält oder fällt.

25. Wie hat man beim Aufsuchen undichter Stellen vorzugehen?

Man kontrolliert erst sämtliche Verschraubungen, ob die Dichtungen heil und die Verschraubungen gut anzogen sind sowie die Kücken der Hähne dicht halten.

26. Was macht man, wenn man die undichten Stellen so immer noch nicht findet?

Man bestreicht die vermeintlich undichten Stellen mit Seifenwasser. An den undichten Stellen müssen sich dann Blasen bilden. Schließlich ist noch der Ventilsitz des Reduzierventils in der Maschinenluftpumpe auf Dichtigkeit zu prüfen.

26. Was für Brennstoff verwenden wir zum Betrieb der Flugmotoren?

Leichtbenzin, Schwerbenzin, Benzol.

27. Welches spezivische Gewicht und welchen Heizwert haben diese Betriebsstoffe?

Leichtbenzin: 0,680—0,720 und ca. 10 500 W. E.
Schwerbenzin: 0,740—0,780 und ca. 9800 W. E.
Benzol: 0,820—0,880 und ca. 9600 W. E.

28. Wie viel Betriebsstoff verbrauchen unsere heutigen Flugmotoren (Standmotoren) pro PS. und Stunde?

220—240 Gramm pro PS. und Stunde.

III. Störungen der Ventile.

1. **Was für Störungen können an den Ventilen auftreten?**

Ein Ventil kann undicht werden, der Schaft kann brechen, sich verziehen oder biegen, Ventilfeder kann schlapp werden oder brechen.

2. **Wie macht sich ein Undichtwerden des Ventils bemerkbar?**

Der Motor läßt in der Leistung nach und hat beim Durchdrehen in einzelnen Zylindern geringe Kompression.

3. **Wie beseitigt man diesen Mangel?**

Das Ventil ist mit Schmirgel neu einzuschleifen.

4. **Wie kann man feststellen, ob ein Ventil gut eingeschliffen ist?**

Man versieht die Dichtungsfläche des Ventils mit einigen Bleistiftstrichen, und dreht das Ventil vorsichtig einige Male im Ventilsitz herum. Sind nun die Bleistiftstriche gleichmäßig verrieben, so ist das Ventil dicht, andernfalls ist das Ventil einzuschleifen.

5. **Kann ein Knallen im Auspufftopf auch mit den Ventilen zusammenhängen und wie wäre das zu begründen?**

Ja, es kann sich der Ventilschaft verbogen haben oder fressen. Dadurch schließt das

Ventil zu langsam oder überhaupt nicht. Dasselbe kann auch der Fall sein, wenn die Ventilfeder schlapp wird oder gebrochen ist.

6. **Wie sind in den einzelnen Fällen diese Fehler zu beseitigen?**

Ein verbogener Ventilschaft ist in der Drehbank oder auf einer Richtplatte auszurichten. Hat derselbe auch gefressen, so glättet man den Schaft mit Schmirgelleinewand und wäscht die Ventilführung gut aus. Eine schlappe oder gebrochene Ventilfeder muß durch eine neue ersetzt werden.

7. **Was für Störungen können an den Ventilgestängen auftreten?**

Die Gestänge können sich verbiegen, die Hebel in ihren Lagern fressen oder brechen.

8. **Was ist in diesen Fällen zu tun?**

Eine verbogene Ventilstange kann ausgerichtet werden. Hat ein Hebellager gefressen, dann ist dasselbe zunächst auszuwaschen, Lager und Lagerbolzen glattzuschmirgeln. Ist ein Hebel gebrochen, so muß man denselben, wenn möglich, durch einen neuen ersetzen. Im Notfall kann er auch geschweißt werden.

9. **Wie sind Kipphebel undd Ventilschäfte zu behandeln um Störungen zu vermeiden?**

Kipphebel und Ventilschäfte sind mit einer Mischung von 2 Teilen Petroleum und 1 Teil Oel zu reinigen und hierauf einzuölen.

10. Was ist beim Auswechseln der Kolbenringe zu beachten?

Die Schlitzschrägen der Ringe müssen untereinander versetzt sein, dürfen aber nicht gerade über dem Kolbenauge stehen.

IV. Störungen der Kühlwasser-zirkulation.

1. Was für Störungen können in der Kühlwasserzirkulation auftreten?

Die Leitungen und Schlauchverbindungen können undicht werden. Die Pumpe, sowie die Kühler können undicht werden.

2. Was sind die Folgen dieser Störungen?

Das Kühlwasser fängt an zu kochen, der Motor läuft heiß.

3. Wie ist die Kühlanlage zu behandeln, um derartige Störungen zu beheben oder zu vermindern?

Einen undicht gewordenen Kühler oder undicht gewordene Schlauchverbindungen oder Rohre, kann man mit Bleiweiß abdichten. Die Staufferbüchse der Pumpe ist öfter nachzustellen und zu füllen, um ein Undichtwerden zu verhindern.

4. Was kann ein Undichtwerden der Stopfbüchse zur Folge haben und wie ist dieser Mangel zu beheben?

Bei einer undicht gewordenen Stopfbüchse läuft das Kühlwasser heraus und ist dieselbe durch eine neue zu ersetzen. Als Notbehelf kann man sich eine Packung aus Werg, Graphit (Ofenschwärze) und Wachs herstellen.

5. **Was ist in kalten Jahreszeiten beim Außerbetriebsetzen eines Flugmotors zu beachten?**

Es ist darauf zu achten, daß das Kühlwasser restlos abgelassen wird, d. h., daß nicht nur das Wasser aus dem Kühler entfernt wird, sondern auch ein meistens an der Kühlwasserpumpe unten befindlicher Wasserablaßhahn oder Schraube zum Ablassen des in dem Zylinder und der Pumpe befindlichen Wassers geöffnet wird.

6. **Was ist zu tun, wenn das Kühlwasser doch einmal eingefroren ist?**

Wenn auch die Kühlwasserpumpe eingefroren ist, darf am Propeller zunächst nicht gedreht werden, da sonst die Pumpe entzwei geht. Das in dem Kühlwassermantel und Kühler befindliche Eis darf nur g a n z a l l m ä h l i c h von oben beginnend aufgetaut werden.

7. **Was für Wasser muß zum Auffüllen der Kühlanlage verwandt werden, um zu verhüten, daß die Kühlanlage durch Absetzen von Kesselstein verschmutzt wird?**

Es ist streng darauf zu achten, daß kalkfreies Wasser (Regenwasser, gekochtes oder abgestandenes Wasser) zum Auffüllen verwandt wird.

8. **Was ist beim Auffüllen zu beachten?**

Sämtliche Wasser- und Entlüftungs-Hähne sind zu öffnen und erst dann n a c h e i n a n d e r zu schließen wenn aus den betreffenden Hähnen ein luftblasenfreier Strahl fließt.

9. Wie ist die Kühlanlage zu reinigen, beziehungsweise etwa vorhandener Kesselstein zu entfernen?

Man verdünnt ¼ Liter Schwefelsäure mit 10 Liter Wasser und füllt hiermit die Kühlanlage auf. Unter geringer Gasentwicklung löst sich der Kesselstein. Wenn die Gasentwicklung aufgehört hat, ist der Kühler zu entleeren und mit reinem Wasser gut durchzuspülen.

10. Wodurch kann man in kalten Jahreszeiten einem Einfrieren des Kühlwassers vorbeugen?

Man setzt dem Kühlwasser ein Gemisch von ⅔ Spiritus, ⅓ Glyzerin im Verhältnis 1 : 15 etwa zu.

V. Störungen der Schmierung.

1. **Wodurch sind Störungen der Schmierung zunächst kenntlich?**

   Durch Nachlassen des Öldruckes am Kontrollmanometer.

2. **Wieviel Atmosphären muß dieser Druck zum Mindesten betragen?**

   0,5 Atmosphären.

3. **Was hat ein Weiterlaufenlassen des Motors bei Nachlassen des Druckes unter 0,5 Atmosphären unbedingt zur Folge?**

   Da der Motor kein Oel bekommt, werden zunächst die Kolben festfressen, die Lager auslaufen, unter Umständen kann der ganze Motor zerstört werden.

4. **Was hat man bei Nachlassen des Öldruckes zu tun, um die Störungen zu beseitigen?**

   Zunächst untersucht man, ob der Frischölbehälter gefüllt ist und die Kontrollhähne geschlossen sind, oder etwa das Kurbelgehäuse undicht ist, und ob Öl aus demselben entweicht.

5. **Was ist der Fall, wenn Undichtigkeiten nicht vorhanden sind und die Zahnradpumpe sich in Ordnung befindet?**

   Dann ist der Fehler aller Wahrscheinlichkeit nach in einem Versagen der Frischölpumpe zu suchen.

6. **Was hat man zu tun, um hier eine Störung aufzusuchen?**

Man nimmt nach Loslösen der Ölzuleitung die Pumpe heraus, reinigt diese gründlich und untersucht alle Kolben, Steuerorgane und Oelzuleitungs-Kanäle.

7. **Worauf hat man dann beim Anwerfen des Motors zu achten?**

Der Ölstand im Kurbelgehäuse muß erst wieder auf die normale Höhe gebracht werden (d. h. bei wagerechter Lage des Flugzeuges resp. Motors Öl solange auffüllen, bis dasselbe zu den Kontrollhähnen des Kurbelgehäuses herausläuft) und ist der Motor nun längere Zeit mit nur 300 bis 500 Touren laufen zu lassen, damit das Öl sich langsam erwärmen kann und alle zu schmierenden Teile des Motors Öl bekommen.

8. **Was ist die Folge eines Überölens des Motors?**

Ein Verölen der Zündkerzen, starkes Verschmutzen der Zylinder, Kolben und Auspuff-Ventile.

9. **Welche Vorschriften bestehen für die Schmierung der Nockenwelle beim Mercedes-Flugmotor?**

Im Führer oder Beobachtersitz ist eine Handölpumpe eingebaut. Durch mehrmaliges Niederdrücken des über den Gefäß befindlichen Hebels ist Oel in die Lager der Nockenwelle zu drücken. (Stündlich etwa 5 mal Hebel niederdrücken.) Außerdem befindet sich an der Steuerwellenlagerung ein Dochtöler, der vor jedem Ueberlandfluge mit Oel zu füllen ist.

10. Welche Stauferfettbüchsen am Motor sind zeitweise mit Stauferfett nachzufüllen?

Die zur Stopfbuchse der Wasserpumpe führende Fettbüchse ist stets gefüllt zu halten. Ferner muß die Fettbüchse, die die Tourenzählerwelle schmiert, nachgefüllt werden.

11. Was ist beim Schmieren der Magnetapparate zu achten?

Dieselben dürfen nur alle 8—14 Tage mit guten Knochenöl geschmiert und jeweils auch nur die vorgesehene Oelnute einmal gefüllt werden, da die Magnetapparate sonst verschmutzen.

VI. Störungen der Übertragungsmechanismen usw.

1. Welche Teile sind vor jemaligem Start an der Motoranlage eines Flugzeuges zu prüfen?

Schrauben und Sicherungen, welche den Propeller festhalten, sämtliche, den Motor mit dem Flugzeug verbindenden Hauptbefestigungsbolzen, die Befestigung aller an dem Motor befindlichen Nebenapparate, wie Vergaser, Magnet usw., sowie sämtliche zur Betätigung der Nebenapparate erforderlichen Hebel, Rohranschlüsse, Kabelverbindungen.

2. Was soll ein Beobachter bei Überlandflügen zur Hand oder wenigstens in leicht erreichbarer Nähe haben?

Einen Schraubenzieher, eine kombinierte Zange, einen leichten Hammer, Draht, eine Rolle Isolierband und unter Umständen auch Schlauchverbindungen, um bei etwaigem Undichtwerden des Benzinrohrs, dasselbe notdürftig reparieren zu können.

ANHANG.

Beseitigung von Störungen an Umlauf-Motoren.

Der Umlaufmotor will im allgemeinen sorgfältiger behandelt werden, als der Standmotor, jedoch gelten zur Beseitigung von Störungen der Zündung die im ersten Teile bereits unter I erwähnten Vorschriften.

Aus einer unregelmäßigen Explosionsfolge kann man auf Störungen in den einzelnen Zylindern, bei den sogenannten Knallern auf ein benzinarmes Gasgemisch schließen. Durch ein völliges Öffnen der Luftdrossel und ruckweises Öffnen und Schließen des Benzin-Regulier-Hahnes, kann man letzteren Fehler während des Fluges am ehesten beseitigen. Zu vermeiden ist hierbei ein zu langes und starkes Öffnen des Benzin-Regulier-Hahnes, da der Motor dann leicht versaufen kann.

Eine gebrochene Auspuff-Ventilfeder, kenntlich durch ein plötzliches Schlagen des Motors, braucht noch nicht unbedingt zur sofortigen Landung zu zwingen, da durch die Rotation des Motors der Ventilschluß auch ohne Feder bewirkt wird.

Für das Versagen einzelner Zylinder gibt es zwei Möglichkeiten:

1. Zündungsmangel (siehe Nr. I Störungen der Zündung).
2. schlechte Kompression.

Dreht man den Motor mit Hilfe des Propellerflügels und ist bei dem verdächtigen Zylinder die federnde Wirkung des komprimierten Luftkissens nicht zu spüren, so kann man auf schlechte Kompression schließen. Ursache kann eine in wenigen Sekunden durch eine Reservefeder auszuwechselnde Plattfeder des Auspuffventils sein. Haben sich Schmutzteilchen zwischen Ventil und Ventilsitz des Auspuffventils geklemmt, so kann man dieselben dadurch entfernen, daß man ein passendes Teil in das im Schaft des Auspuffventils befindliche Loch hineinsteckt und dasselbe unter mehrmaligem Abheben vom Ventilsitz hin und her dreht.

Schließlich kann mangelhafte Kompression oder ein Durchschlagen der Zündung ein Verkleben oder Festsitzen der Kolben und Obturator-Ringe als Ursache haben, gewöhnlich kenntlich durch blaues Anlaufen des betreffenden Zylinders. Zeigt der Zylinder nur einen langen blauen Streifen, so ist es ein Kolben- oder Obturator-Defekt und muß durch Abnehmen des betreffenden Zylinders ausgewechselt werden.

Ist das Gemisch zu benzinarm, so können sogenannte Knaller im Vergaser auftreten, zeigen sich aber auch Rauchwolken und Feuererscheinungen bei stark und gleichmäßig anhaltenden Knallern am Flammenschutzsiebe. so ist ein Defekt an einem Teil des Einströmventils zu suchen.

Um freien Zugang zu dem im Kolben befindlichen Einlaßventil zu bekommen und Auswechseln des defekten Teiles zu ermöglichen, ist Abnahme des betreffenden Ausströmventiles erforderlich.

Zeigt sich beim sofortigen Abtasten der Zylinder nach dem Laufe des Motors, daß einer oder einzelne Zylinder kalt sind, so kann man in den meisten Fällen auf eine Störung in der Zündung schließen (siehe Nr. I, Störungen in der Zündung).

Beim Außerbetriebsetzen des Motors ist stets darauf zu achten, daß in die Auslaß-Ventile Petroleum eingespritzt wird und die Zylinder durch Überziehen einer sauberen Hülle vor Staub und Schmutz bewahrt werden, da beim stillstehenden Motor immer einzelne Auspuffventile geöffnet sind.

Tabelle zur Feststellung vo

Der M

setzt aber aus

periodisch

	Seite
1. **Siehe Zündungsmängel** I Tafel II	
2. Ventilschaft gebrochen III (1)	**19**
3. Ventilfeder „ III	**19**
4. Ventilgestänge „ III	**20**
5. Kühlwasser im Zylinder	
6. Nockenwelle verdreht	

nicht periodisch

1. **Schlechte Vergasung evtl. schlechtes Benzin,** (siehe Vergasungsmängel)
2. Saugleitung gebrochen oder **porös** II
3. Ventil oder Nockenhebel festgefressen . . III
4. **Schwimmernadel hängt** II (
5. Benzinzufuhr zeitweise verstopft II
6. Wasser im Benzinbehälter

Schumann, Betriebsstörungen am Flugmotor etc.
Verlag von M. Krayn, Berlin W. 10

triebsstörungen am Flugmotor

TAFEL I

r läuft

läßt in Touren nach

Seite

Oelung ungenügend V **23/24**
a) Rohre verstopft
b) Pumpe versagt
c) **Oelmangel**
Kühlung ungenügend IV (2) **21**
a) Motor zu warm geworden
b) Pumpe versagt
c) **Leitung undicht**
d) Kühlwasser eingefroren
Vorwärmung des Vergasers, Vergaser und Drosselgehäuse eingefroren . . . . II (21) **18**

klopft

Seite

1. **Zündung verstellt** I (22/23) **13**
2. Ventilsteuerung verstellt
3. **Vergaser schlecht einreguliert**
4. Lager ausgelaufen oder ausgeschlagen
5. Kolben-Kolbenring gebrochen
6. Hauptlagerbolzen schlecht angezogen

Der Moto

Die Zündung funktioniert

Der Vergaser bekommt kein Benzin aus der Zuleitung

Seite

1. Benzinfilter verstopft II (11) **16**
2. Benzinrohr verstopft (besonders in Krümmungen) . . . . II (12) **16**
3. **Benzintank** undicht (Druck fällt)
4. **Reduzierventil** undicht
5. Reinigungssieb verschmutzt
6. Manometer entzwei (Zeiger bleibt stehen)
7. Saugrohr undicht (Dichtungen prüfen)

Der Vergaser bekommt Benzin aus der Zuleitung

Seite

1. **Düse verstopft** . . II (13) **16**
2. Wasser, Schmutz im Schwimmergehäuse . II (3) **14**
3. Schwimmer undicht II (16) **17**
4. Schwimmer hängt . II (14) **17**
5. Nadelventil undicht II (18) **17**
6. **Nadel hängt** . . II (14) **17**
7. Luftregulierung versagt
8. **Vergaser eingefroren** II (21) **18**

1. Kabelstör
   a) Kabel schlo
   b) **Massen** schlu
   c) Kabela versc
   d) **Kabel** geris

Bei Appara sind die V zu

Schumann, Betriebsstörungen am Flugmotor etc.
Verlag von M. Krayn, Berlin W. 10

42
Bewährtestes Lager der Praxis!
F&S
F&S
Kugellager
Schweinfurter Präcisions-Kugel-Lager-Werke
FICHTEL & SACHS, SCHWEINFURT

Mercedes
Flug-Motor
Hervorragende Konstruktion und Ausführung
Bestens bewährte Leistungsfähigkeit
Fabrikat der
Daimler-
Motoren
Gesellschaft
Stuttgart-
Untertürkheim
MERCEDES
LEO RIECK

HUTTENLOCHER-PFEIL-STANDMESSER
SYSTEM LAUFER
DER
VOLLKOMMENSTE
INHALTMESSER
FÜR
GESCHLOSSENE
BEHÄLTER
JEDER
ART
HUTTENLOCHER u. KROGMANN · G·M·B·H·
BERLIN · CÖPENICK ·
LIEFERANT FÜR HEER UND MARINE

„SCHÜTZ“

Prismen-Feldstecher

Neue, besonders für die Luftschiffahrt konstruierte Modelle

Glänzende Zeugnisse

Bezug durch alle besseren optischen Geschäfte

Preislisten kostenfrei

Optische Werke A.-G.

vorm. Carl Schütz & Co., Cassel

Zur Abfederung

aller Art Flugmaschinen

für Sturzgürtel und zur Anbringung von Präzisionsinstrumenten fabrizieren wir seit Jahren als Spezialität

GUMMI-KABEL

jeder Stärke, jeder Farbe, jeder Dehnung

!! ALS NEUHEIT !!

D. R. P.

Gummi-ERSATZ-Abfederung

genau wie Gummikabel in Bezug auf Dehnung, Widerstand und Anbringung.

Seitens der Heeresverwaltung geprüft und als bestes und leichtestes Ersatzmittel anerkannt und zugelassen

Proben und Preise auf gefl. Anfrage.

Dr. W. Kampschulte & Cie.

Industriewerke für Elektrochemie u. Heilgymnastik

Solingen

Brieffach 176 / Telegramme: Kampschulte / Telephon 147

„Propulsor"

Luftschrauben

für

Land- u. Wasserflugzeuge

erzielen vorzügliche

Abnahmezeiten

Deutsche Luftschrauben-Gesellschaft

m. b. H.

Neukölln, Reuterplatz 2

Fernspr. 151

Telegr: Propulsor Berlin

M & G M
G. M. B. H.

Max Matthaey & Co G.m.b.H.
INHABER: JESSURUN & HURTIG
BERLIN SO 33
SCHLESISCHESTR. 32

Verwindungskapseln
Verwindungsrollen
Verspannteile
für die Flugzeugindustrie
aus

VOLALITH

und aus
celerisiertem

Emco-Leichtmetall

zugelassen von der
Inspektion der Fliegertruppen

W

Günther Hoffmann

BERLIN SW. 48

Friedrich-Strasse 16

und

Linden-Strasse 101-102

Fernspr Amt Moritzplatz 2658 u. 2659

Telegramm-Adresse: Namffoh, Berlin

Abt. I Fabrikation und Großhandel in Kraft- u. Luftfahrzeug-Zubehörteilen

Abt. II Werkzeuge

Abt. III Nahtlos kaltgezogene Stahlrohre.

Beste Bezugsquelle für Kraft- u. Luftfahrzeug-Zubehörteile

SCHILD-
BERGER
Pallas
Vergaser
Drosselklappe
Stiftschrauben Loch
Anschluss für
Warmwasser-
Vorwärmung
Leerlaufdüse
Verschlussstopfen
für wechselseitigen Warmwasser
Anschluss
Regen-Schutzkappe
Spritzdüse
Benzinfilteranschluss
Reguliernebel
Stellschraube
m. Gegenmutter
Schwimmer-
Behälter
Verschlussmutter
f. Schwimmer-Behälter
Anschlusskrümmer
für Warmluft
Spezialapparat mit
Wasservorwärmung
für Flugmotore
PALLAS VERGASER GES.M.B.H.
CHARLOTTENBURG 4 WILMERSDORFERSTR. 85

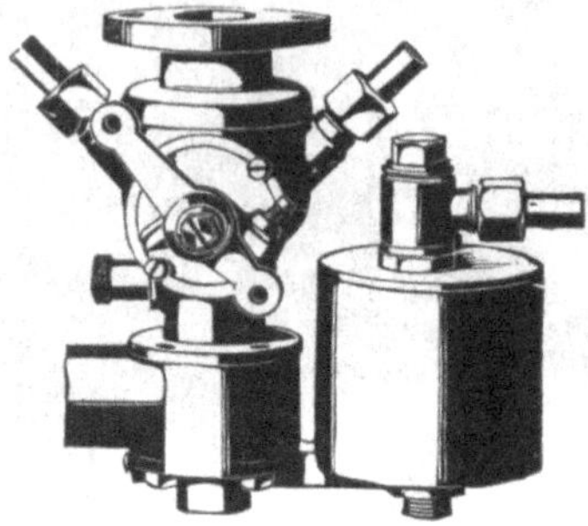

Preisgekrönt

Fahrwohl-Vergaser

Automobil-Armaturen-Fabrik

Prerauer & Scholz

Berlin S 59

Fahrwohl-Öler

D. R. P.
ohne Kolben
und Ventile

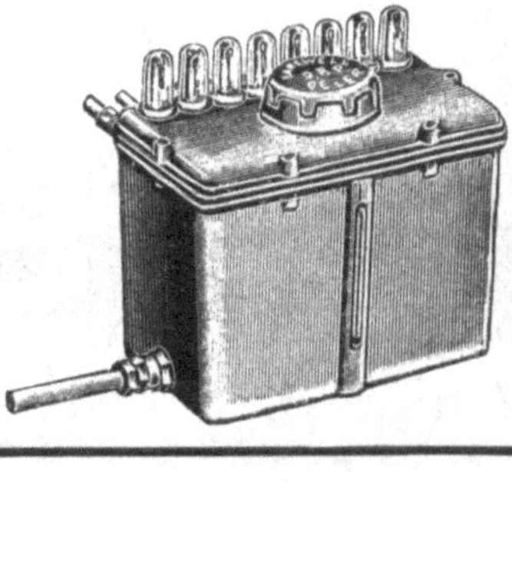

Was der Flugzeugführer und Beobachter braucht

erhält er erstklassig und preiswert bei

Dingeldey & Werres

Berlin W 35, Schöneberger Ufer 13

Telefon: Amt Lützow 3963, 3964

Uniform, Fliegeranzug aus Leder u. Stoff, Sturzhelm, Fliegerkappe, Handschuhe, Schal, Brille oder Maske, Seitengewehr, Lederfeldbinde mit Seitengewehrtasche, doppelter Lederriemen, Unterzeug usw.

Außerdem fertigen wir in eigener Fabrik:

Flugzeug- u. Funkerzelte, zerlegbare Feldbetten, Tische, Stühle, Waschbecken, Badewannen usw.

Ernst Leitz

Wetzlar

Optische Werke

Prismen-Fernrohre

für den Militärgebrauch

zu Vorzugspreisen

Preisliste BFB kostenlos

Halberstädter Flugzeug-Werke

Gegr. 1912 **G. m. b. H.** Gegr. 1912

Halberstadt

bauen vorwiegend hervorragend leichte und schnelle

Flugzeuge jeder Art

mit Umlauf- od. Stand-Motor

Halberstädter Militär -Fliegerschule G.m.b.H.

bildet auf Ein- u. Doppeldeckern mit Umlauf- und Stand-Motor auf **eigenem Flugplatz** aus

Draht-Seile u. Litzen

in jeder Ausführung

für alle Zwecke der Flugtechnik.

A. W. Kaniß, Wurzen i. S.

Preisliste Nr. 33 c frei

M. KRAYN, Verlagsbuchhandlung, BERLIN W 10

Flugtechnische Literatur:

Moedebeck's Taschenbuch

zum praktischen Gebrauch für

Flugtechniker und Luftschiffer

unter Mitwirkung von

Freiherr v. Bassus, Prof. Berson, Dr. von dem Borne, Dr. Brähmer, Ing. R. Conrad, Dipl.-Ing. W. E. Dörr, Dipl.-Ing. Eberhardt, Prof. Dr. Emden, O. Chanute, Prof. Dr. W. Köppen, Prof. Dr. V. Kremser, Prof. Dr. W. Kutta, Otto Lilienthal, Geh. Reg.-Rat Prof. Dr. Miethe, Oberstleutnant H. W. L. Moedebeck, Prof. Dr. K. Müllenhoff, Dr.-Ing. Pröll, Mr. L. Rotch, Schiffbau-Dipl.-Ing. Karl Schaffran, Dr. Stade, Prof. Dr. Wagener

bearbeitet und herausgegeben von

Professor R. SÜRING

Mit 238 Abbildungen im Text

Dritte gänzlich umgearbeitete und verbesserte Auflage (960 Seiten Umfang)

Preis 10 Mark.

Die deutschen Patente über Flugapparate

Vollst. Sammlung deutscher Patente v. Jahre 1879 bis Ende Juli 1911

Herausgegeben von

Patentanwalt Dr. B. Alexander-Katz

Mit 924 Abbild. Preis brosch. **25 Mk.**, in Halbfranz geb. **27.50 Mk.**

Theorie und Berechnung der Luftschrauben

Mit Beispielen und Versuchsresultaten aus der Praxis

von Dipl.-Ing. C. EBERHARDT

Ingenieur beim Königl. Preuß. Luftschiffer-Bataillon, Berlin

Mit 60 Abbild. im Text Preis broschiert **M. 6.—**, gebunden **M. 7.50**

Theorie und Berechnung von Motor-Luftschiffen

von Dipl.-Ing. **C. Eberhardt**, Ingenieur beim Königl. Preuß. Luftschiffer-Bataillon, Berlin

Mit 118 Abbild. im Text. Preis 14 Bogen gr. 8° brosch. **M. 10.—**, geb. **M. 11.50**

Zu beziehen durch jede Buchhandlung und durch den Verlag

M. KRAYN, Verlagsbuchhandlung, BERLIN W 10

Flugtechnische Literatur:

Luftfahrzeugbau

Konstruktion von Luftschiffen und Flugmaschinen

Von Dr. Fritz Huth

Mit 341 Abbildungen und Tafeln. 22 Bogen gr. 8⁰

II. verbesserte Auflage .·. Preis brosch. M. 7.50, geb. M. 8.70

Der Maschinen- und Vogelflug

Eine histor.-krit. flugtechn. Untersuchung mit besond. Hervorhebung der Arbeit v. Alphons Pénaud. — Von Josef Popper-Lynkeus

6 Bogen. 8⁰. Preis broschiert M. 3.—

In diesem Werke wird eine allgemeinverständliche und zugleich gründliche wissenschaftliche Darstellung der wichtigsten Probleme und der Versuch zu ihrer Lösung geboten, auf denen die endlich verwirklichte dynamische Luftschiffahrt beruht. Eingehender als es in den meisten bisherigen Darstellungen der Flugtechnik geschieht, wird der Flug der Vögel und ihre aufgewendete Flugarbeit behandelt

Soeben erschienen:

Automobiltechnische Bibliothek, Band I

Der Automobilmotor und seine Konstruktion

von **R. PFITZNER**, weil. Dipl.-Ing., und **R. URTEL**, Dipl.-Ing.

Zweite, neu bearbeitete und erweiterte Auflage
von Dipl.-Ing. **A. G. von LOEWE**

312 Seiten Text — **Preis geheft. 12 Mk., gebd. 14 Mk.** — Mit 104 Abbildungen

Pfitzner-Urtel: „Der Automobilmotor" ist das einzige Werk, das den Automobilmotor vom Gesichtspunkt der grundlegenden Prinzipien in seinen dem Fortschritt der Technik folgenden Entwicklungsmöglichkeiten wissenschaftlich behandelt.

Soeben erschienen:

Die Gasturbinen

ihre geschichtliche Entwicklung, Theorie und Bauart

von

Dipl.-Ing. **Eyermann** und Marine-Oberbaurat **Schulz.**

Mit zahlreichen Abbild. Preis (256 S. Text) geh. 12 M., gbd. 14 M.

M. KRAYN, Verlagsbuchhandlung, BERLIN W 10

Automobil- und Flugtechnische Zeitschrift

DER MOTORWAGEN

ZEITSCHRIFT
FÜR AUTOMOBIL-INDUSTRIE UND MOTORENBAU

Organ der Automobiltechnischen Gesellschaft, E. V. und Flugtechnischen Gesellschaft

Redaktion: Zivil-Ingenieur **Robert Conrad**
— **1917** — **XX. Jahrgang**

Erscheint am 10., 20. u. letzten eines jeden Monats

„DER MOTORWAGEN" erscheint bereits im **XX. Jahrgange** und ist das **älteste und anerkannt erste automobiltechnische Fachblatt** der deutschen Automobilindustrie.

Durch die regelmässigen Veröffentlichungen auf flugtechnischem Gebiet erster Fachschriftsteller hat sich „DER MOTORWAGEN" auch den Rang einer ersten deutschen flugtechnischen Zeitschrift erworben.

U. a. brachte „DER MOTORWAGEN"

Konstruktions- und Werkstatt-Zeichnungen

der **bedeutendsten Flugapparate** in einer Darstellung, wie sie bisher **nirgends** veröffentlicht worden sind. Diese Hefte werden auch einzeln abgegeben. — Es erschienen u. a.:

Konstruktionen u. Berechnungen vom Wright-Flieger
9 Hefte mit 17 Tafeln, Preis compl. **5.50 M.**

do. do. **Farman-Doppeldecker,**
6 Hefte mit 6 Tafeln, Preis compl. **6.— M.**

do. do. **Blériot-Eindecker,**
6 Hefte mit 6 Tafeln, Preis compl. **6.— M.**

do. do. **Albatros-Doppeldecker,**
Type 1914, 1 Heft **0.50 M.**, 1912, 1 H. **0.50 M.**

do. do. **Albatros-Wassereindecker,**
1914, 3 Hefte . . . . **3.— M.**

Abonnementspreis: Jährlich **16 Mk.**, vierteljährlich **4 Mk.** Für das Ausland jährlich **26 Mk.**, vierteljährlich **6.50 Mk.**

Zu beziehen durch jede Buchhandlung, durch alle Postanstalten und den Verlag.

Bei Bestellungen durch die Post bitte der postalischen Eintragung wegen zu verlangen: **Automobil- und Flugtechnische Zeitschrift „DER MOTORWAGEN"**

Probenummer kostenlos

Die Flugzeugbespannungen
werden mit unserer
Imprägnierungsmasse
imprägniert.
Cellon-Emaillit
(m. Genehm. der Zeicheninh.)
Älteste Fabrik Deutschlands auf dem Gebiete.
Dr. Quittner & Co.
Berlin-Schöneberg,
Telephon: Nollendorf 2542 Akazienstr. 28
Lieferant der Militärbehörden.

Für die Flugzeugindustrie
Protol-Imprägnierung, ges. gesch. Flächenüberzugs-Emaille- und Rostschutzlacke in bewährter Güte
Erste Referenzen
S. H. COHN
Farben- und Lackfabriken
Begründet Wörlitz 1796 **Berlin-Neukölln** Köllnische Allee 44-48

WILHELM EISENFÜHR

BERLIN S14

Kommandantenstr. 31a/32 — Gegründet 1864

Werkzeuge □ Werkzeugmaschinen

für den gesamten

Flugzeug- und Motorenbau

Einrichtung

kompletter Flugzeugwerften

Anfertigung von Werkzeugkästen und Bordtaschen

nach eigenen und eingereichten Mustern

Lieferant der Fliegertruppen sowie der grössten Flugzeugwerften

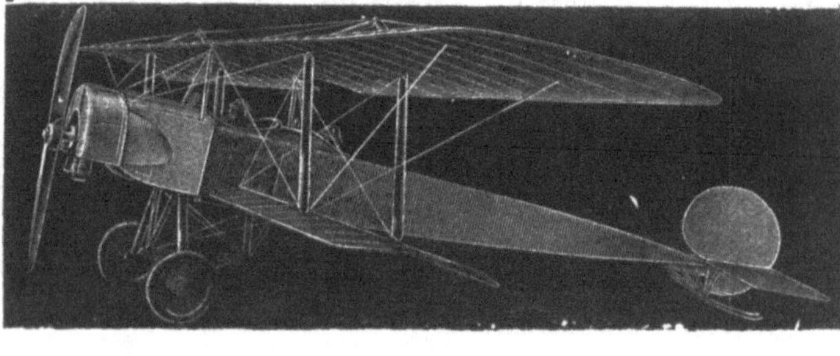

FSC
www.fsc.org
MIX
Papier | Fördert gute Waldnutzung
FSC® C083411

Kolibri 360 GmbH
Ferdinand-Jühlke-Straße 7
99095 Erfurt, Deutschland
produktsicherheit@kolibri360.de